浪花朵朵

"算出"数学思维

动物王国

<=~±÷

Animal
Kingdom

[英]安妮·鲁尼 著

郑禹 译

海峡出版发行集团｜海峡书局

目录

算一算

你是一位勇敢的动物学家，你的工作是运用数学知识探索地球上最具野性的地区，研究生活在那里的动物。

学习方程、对称、位值和其他数学知识，然后运用这些知识解决在野外遇到的难题。

参考答案

这里给出了"算一算"部分的答案。翻到第 28—31 页就可验证答案。

在本书中，有些问题需要借助计算器来解答。可以询问老师或者查阅资料，了解怎样使用计算器。

你需要准备哪些**文具**?

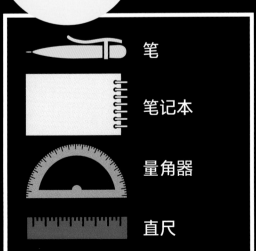

笔

笔记本

量角器

直尺

有多少只蚂蚁？

你的第一个任务是了解南美洲草原上食蚁兽的食量。可是，一只食蚁兽闯入了你的仓库，你失去了一些蚂蚁。

学一学 加法和减法

两位数、三位数或其他多位数的加法和减法，可以通过列竖式来计算。

4

如图，将两个数竖着写，一个放在另一个上面，确保个位、十位和百位分别对齐：

$$\begin{array}{r} \text{百 十 个} \\ 182 \\ +\ 274 \\ \hline *** \end{array}$$

加法

从个位加起：

$$2 + 4 = 6$$

$$\begin{array}{r} 182 \\ +\ 274 \\ \hline **6 \end{array}$$

然后加十位。有时一列的总和会大于 10：

$$8 + 7 = 15$$

这时要将 "5" 写在这列的下面，将 "1" 进位到百位，写在那一列的右下角：

$$\begin{array}{r} 182 \\ +\ 274 \\ \hline *56 \end{array}$$

再加百位，别忘了加上从十位进上来的数：

$$\begin{array}{r} 182 \\ +\ 274 \\ \hline 456 \end{array}$$

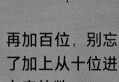
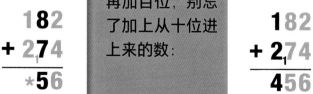

减法

从个位减起，个位上用 1 减 3 不够减。这时，你要向十位借 "1"，11减3得8：

$$\begin{array}{r}{}^{4\ 11}\\ 9\,5\,\overset{\bullet}{1}\\ -\ 2\,4\,3\\ \hline *\,*\,8\end{array}$$

不要忘记被减数十位上的数要减 1。

现在我们用 5 减借走的 1 得 4，再减去 4：

4 - 4 = 0

$$\begin{array}{r}\overset{\bullet}{9}\,5\,1\\ -\ 2\,4\,3\\ \hline *\,0\,8\end{array}$$

最后，用百位上的 9 减 2，完成计算。

$$\begin{array}{r}\overset{\bullet}{9}\,5\,1\\ -\ 2\,4\,3\\ \hline 7\,0\,8\end{array}$$

＞ 算一算

你已经数过储藏箱里剩下的蚂蚁的数量，并把数字写在了箱子侧面。

6112

13987

83713

98731

6211

103270

1 将箱子里的蚂蚁数量按照从大到小的顺序排列。

2 每个箱子里原有 200000 只蚂蚁。那么原来一共有多少只蚂蚁？

3 一共剩下多少只蚂蚁？

4 共失去了多少只蚂蚁？

5 如果你把剩下的蚂蚁放在一起，每 200000 只装一箱，能装多少整箱？

6 装完箱后还剩多少只蚂蚁？

寻找美洲豹

下一个任务，你要去南美洲的雨林寻找美洲豹。人们已经在那里发现了一头，你的任务是追寻并记录这头美洲豹的行踪。

学一学 周长和面积

周长是指封闭图形一周边线的长度。计算周长时，你必须把所有边的长度加起来。图形的面积是指它围成的表面的大小。

6

计算长方形的面积，要用长方形的长度乘宽度。面积单位为 km²（平方千米）、m²（平方米）、cm²（平方厘米）等。计算任意图形的周长，要将其所有边的长度相加。

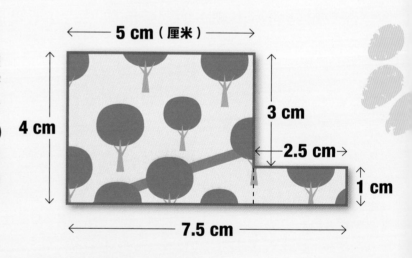

—— 周长为 4 + 5 + 3 + 2.5 + 1 + 7.5 = 23（cm）

 面积等于 2 个长方形的面积之和，（4 × 5）+（2.5 × 1）= 22.5（cm²）

〉算一算

为了跟踪美洲豹的行动轨迹,你需要在发现美洲豹的两个区域设置激光围栏(如下所示)。你还需要围绕上述两个区域架设摄像头,建立起监控网来记录这头行踪不定的"大猫"。

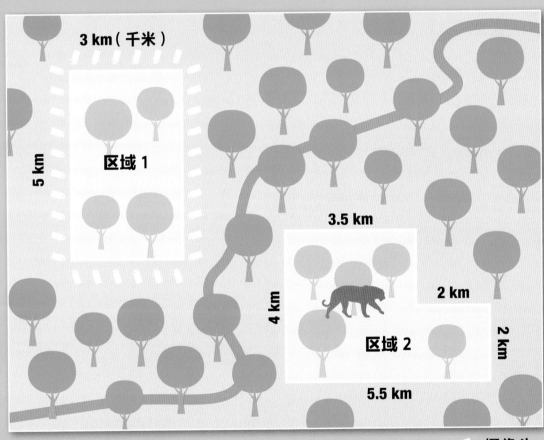

3 km(千米)

5 km

区域 1

3.5 km

2 km

4 km

区域 2

2 km

5.5 km

摄像头

7

····································

1 区域 1 是什么形状?它的面积是多少?

2 区域 2 的面积是多少?

3 要在这两个区域的四周安装摄像头,一共需要走多远?

4 监控费用为每平方千米 684 元。为这两个区域安装监控一共要花多少钱?

5 你已经在区域 1 的四周每隔 0.5km 处放置了一个摄像头。如果也在区域 2 的四周每隔 0.5km 处放置一个摄像头,需要多少个摄像头?

狐狸与野兔

接下来，你去了冰天雪地的北极地区，研究北极狐和北极兔。你想知道在你研究的地区生活着多少只北极狐，可以通过记录几周内北极兔的数量来计算。

学一学 方程

方程是为了求出未知数，根据某种等量关系在已知数与未知数之间建立的等式。

用字母表示数可以简明地表达数量、数量关系、运算定律和计算公式等，使解决问题更加方便。例如用字母 a 表示一只狐狸捕食的野兔数量，则 "$12a$" 表示 12 只狐狸捕食的野兔数量。

可以根据方程中的等量关系计算出未知数。如果你知道 12 只狐狸吃了 36 只野兔，就可以列出方程：

$$12a = 36$$

由此，可以算出每只狐狸吃了 3 只野兔，所以

$$a = 3$$

〉算一算

已知一只狐狸每周会吃掉 4 只野兔，你的助手正在数这个地区有多少只野兔。追踪野兔的数量可以帮助你计算出狐狸的数量。

1 如果 $1km^2$ 的区域内有 b 只野兔，怎样表示 $5km^2$ 的区域内野兔的数量呢?

2 你的助手发现在 $1km^2$ 的区域内有 180 只野兔，那么 $5km^2$ 的区域内有多少只野兔?

3 $1km^2$ 的区域内有 c 只狐狸，每只狐狸每周吃掉 4 只野兔。那么，生活在 $1km^2$ 区域内的狐狸每周吃掉的野兔的数量该怎样表示?

4 这周这 $1km^2$ 的区域内有 180 只野兔，而上周有 200 只。列方程求这一区域内有多少只狐狸。

5 解上一题列出的方程。

小心，蛇！

在一次穿越沙漠的旅行中，你被一条蛇咬了，你得知道这条蛇是不是有毒。这个地区一共生活着四种蛇，有的有毒，有的无毒。究竟是哪种蛇咬了你呢？

学一学 对称

沿一条直线折叠或绕某一点旋转后能够完全重合的图形是对称图形。

10

图中虚线是这个图形的对称轴。沿对称轴折叠，图形位于轴线两侧的部分能完全重合。如果在虚线处放一面镜子，就会看到一个与初始图形完全相同的图形。

这个图形有 4 条对称轴，沿任意一条折叠，图形都能重合。

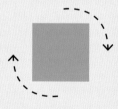

如果把一个图形绕一个定点旋转一个角度后，与初始图形重合，这种图形叫作旋转对称图形。

轴对称图形在对称轴两侧的图形是相反的，就像实物与镜子里的倒影。

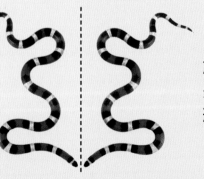

旋转对称图形是通过转动图形得到的。

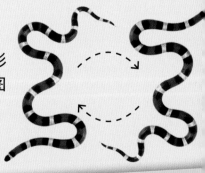

〉算一算

下面是生活在这个地区的四种蛇的花纹，其中只有一种蛇是有毒的。
要找到有毒的那种，你需要辨认它们身上的花纹。

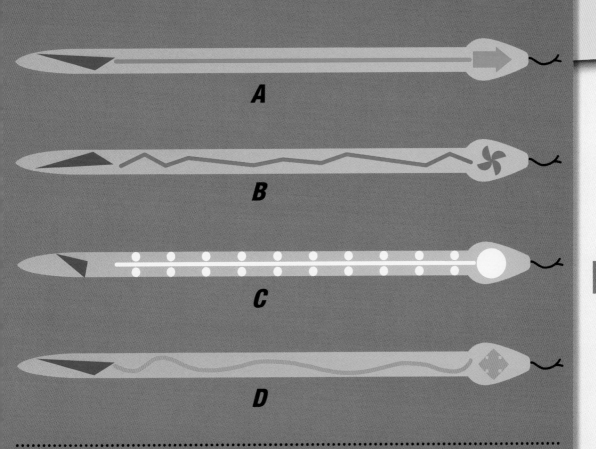

A

B

C

D

1 毒蛇尾部有三角形花纹，蛇尾上的
三角形花纹与右图是轴对称图形，
但不是旋转对称图形。
哪几条蛇符合这一特征？

3 一条蛇只有背部和尾部的图案都符合毒蛇
的特征，它才是毒蛇。看看前两题的答案，
哪一条是毒蛇呢？

4 咬你的蛇头部的花纹是旋转对称图形。这
四条蛇中哪几条的头部有旋转对称图形？

2 毒蛇背部的花纹也是对称图形，
哪几条蛇具有这一特征？

5 比较前四题的答案，咬你的那条蛇有
毒吗？

11

任务 5

憨憨的 企鹅

来到南极洲，你的下一个任务是监测企鹅数量。你发现了几片企鹅聚集筑巢的海滩，并且统计了每个筑巢点里企鹅宝宝的数量。

学一学 茎叶图

茎叶图是统计中用来表示数据的图。它不仅能保留原始数据，还能展示数据的分布情况。

以一组两位数为例，十位上的数放在茎列，个位上的数放在叶列。

64 拆分后如下：

茎	叶
6	4

要记录 64，68，63，你要按如下方式填写：

茎	叶
6	4 8 3

这张茎叶图显示了在五个不同地点发现的虎鲸的数量：

虎鲸数量	
茎	叶
0	8
1	7
2	3 0
3	1

记录的数值分别为 8（08），17，23，20，31。叶那列中有五个值，因为有五个地点。

12

〉算一算

你的助手根据企鹅宝宝的调查数据绘制了茎叶图。你可以用它来查看每个筑巢点企鹅宝宝的数量。

每个筑巢点企鹅宝宝的数量	
茎	叶
1	8 3
2	9 4 9
3	4 6 7 2
4	5 4 0
5	2 7

1 你一共调查了多少个筑巢点？

2 企鹅宝宝的数量在 35 只到 60 只之间的筑巢点有多少个？

3 在那些企鹅宝宝的数量不到 30 只的筑巢点里，一共生活着多少只企鹅宝宝？

4 在所有筑巢点中，企鹅宝宝数量最多的筑巢点里生活着多少只企鹅宝宝？

5 有 29 只企鹅宝宝的筑巢点有几个？

6 生活在这个地区的企鹅宝宝的总数是多少？

老虎在哪里？

你来到印度，追踪老虎并对其进行研究。老虎很难找到，但你从当地目击者那里收集了一些细节，绘制出了老虎的移动路线图。

学一学
象限
和坐标

14

一张地图可分为四个象限。你可以用坐标来表示图中的任意一点。坐标由括起来的一个有序数对组成。其中第一个数表示点在 x 轴上对应的坐标，第二个数表示点在 y 轴上对应的坐标。

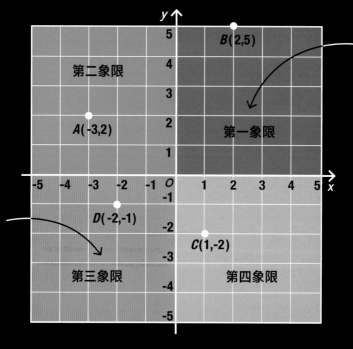

从原点 O 开始，x 轴向右方向和 y 轴向上方向为正方向。

坐标中的第一个数为点的横坐标。要从点 $(-3, 2)$ 到点 $B(2, 5)$ 你需要向右移动 5 个长度单位，并向上移动 个长度单位。要从点 $(1, -2)$ 到点 $D(-2, -1)$ 你需要向左移动 3 个长度单位，并向上移动 1 个长度单位。

从原点 O 开始，x 轴向左方向和 y 轴向下方向为负方向。

〉算一算

你的助手绘制了该区域的地图，并用 x 轴和 y 轴将它划分为四个象限。人们一共发现了六头老虎，你们将老虎的位置用坐标的形式标在了下面的地图上。

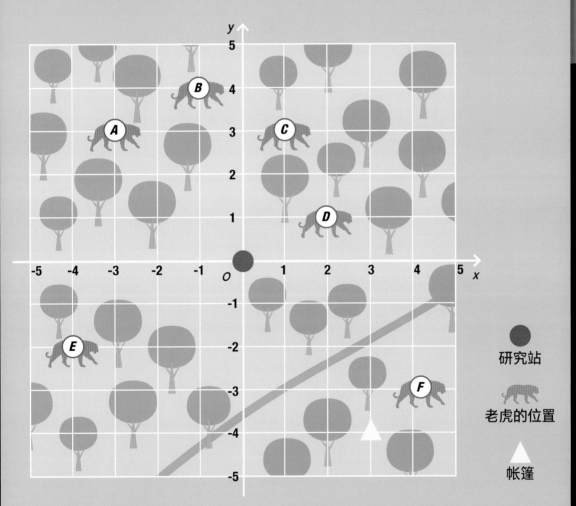

研究站

老虎的位置

帐篷

1 河流流经哪些象限?

2 列出所有老虎位置的坐标。

3 一位研究人员说她在点（1，-3）处看到了一头老虎。这头老虎在哪里?

4 如果你从研究站出发，向右走 3 个长度单位，再向下走 4 个长度单位，你走到了哪里?

5 发现老虎的 D 点和 E 点相隔两个小时的路程。出现在这两处的可能是同一头老虎。假设这头老虎一直沿直线行走，那么它是怎样从 D 点移动到 E 点的?

有多少条鱼？

你的下一个任务是数一数生活在珊瑚礁里的鱼。你借助鱼类雷达计数装置来做这项工作，该设备记录鱼类数量时会在个位、十位、百位等数位上标记符号。

学一学 位值

位值是数字本身与它所占的位置结合起来所表示的值。我们使用"位值"来表示组成一个数的个位、十位、百位、千位等数位上的值。将数分解成位值放在表中不同的列里：

16

十万位	万位	千位	百位	十位	个位
4	1	3	0	6	9

这个数字是 413069——四十一万三千零六十九。我们也可以用加法表示这个数：

用彩色计数器或画点的方法就可以简单地表示位值：

```
  400000
   10000
    3000
      60
+      9
  413069
```

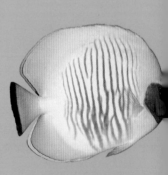

十万位	万位	千位	百位	十位	个位
••••	•	•••		•••	••••

〉算一算

你从珊瑚礁的两个区域收集了数据，雷达设备统计出了生活在每个区域的鱼类总数。

区域 1

十万位	万位	千位	百位	十位	个位
•		⋮⋮	••	•	⁜⁜

区域 2

十万位	万位	千位	百位	十位	个位
••			⋮⋮	⋮⋮	•••

① 上面两个表格分别显示了珊瑚礁的两个区域（区域 1 和区域 2）的鱼类总数。将这两个总数写成数字。

② 另一个区域有三十四万零七百一十二条鱼。复制上面表格并用画点的方式填写这个区域的鱼类总数。

③ 生活在珊瑚礁的另外一个区域，即区域 3 里的鱼的数量较少，比区域 2 的少11067 条。复制表格并用画点的方式填写区域 3 的鱼类总数。

④ 区域 1、区域 2、区域 3 的鱼类总数是多少？复制表格并用画点的方式填写。

任务 8 天堂鸟

你来到婆罗洲的丛林，研究天堂鸟的领地。你找到了三只天堂鸟，每一只都有自己的领地。

学一学 三角形

三角形有三种类型：

直角

直角三角形是有一个角是直角的三角形。

不等边三角形有三条不相等的边和三个不相等的角。

等腰三角形有两条相等的边和两个相等的角。

等边三角形的三个角和三条边都相等。

三角形的面积是：

底 × 高 ÷ 2。

从三角形的一个顶点到它的对边作一条垂线，顶点和垂足之间的线段叫作三角形的高。

有时，高在三角形外部。

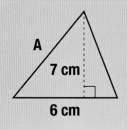

A 7 cm 6 cm

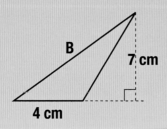

B 7 cm 4 cm

三角形 A 的面积为 6 × 7 ÷ 2 = 21（cm²）
三角形 B 的面积为 4 × 7 ÷ 2 = 14（cm²）

三角形的周长是其三条边长度的和。

18

〉算一算

你绘制了一张地图，并在地图上分别画出了三只鸟的领地，每块领地都是三角形的。你的助手测量了其中一块领地的三条边的长度。

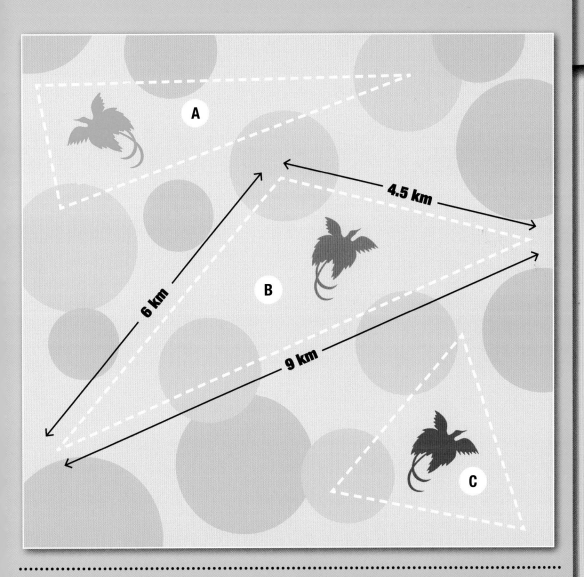

① 用尺子量一量每块领地的边长，哪块是等腰三角形的?

② 哪块领地的三条边长度相等? 这样的三角形叫什么?

③ 用量角器测量三角形领地的角，哪块领地有一个 20° 的角?

④ 领地 B 的周长是多少?

追踪海龟

你捕获了两只海龟，在它们身上安装跟踪装置后把它们放回了大海，以便记录这两只海龟在 24 小时内的行程。

学一学 多边形

20

多边形是由平面内的一些线段首尾顺次相接组成的封闭图形。多边形必须是封闭的。相邻两条边组成的角是多边形的内角。

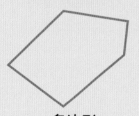

多边形
（由多条直边组成）

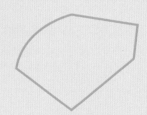

不是多边形
（有曲边）

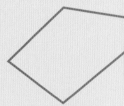

不是多边形
（不封闭）

多边形包含正多边形和非正多边形。正多边形中，所有的边相等，所有的角相等。等边三角形、正方形、正五边形、正六边形、正八边形都是正多边形。

3	**4**	**5**	**6**	**8**
等边三角形	正方形	正五边形	正六边形	正八边形

多边形的内角可以是锐角、钝角或直角。直角正好是90°；钝角大于90°，小于180°；锐角大于0°，小于90°。

| 直角 | 钝角
（大于直角） | 锐角
（小于直角） |

〉算一算

下面的地图显示了过去24小时内海龟的游动轨迹。每条轨迹由一系列线段和夹角构成。

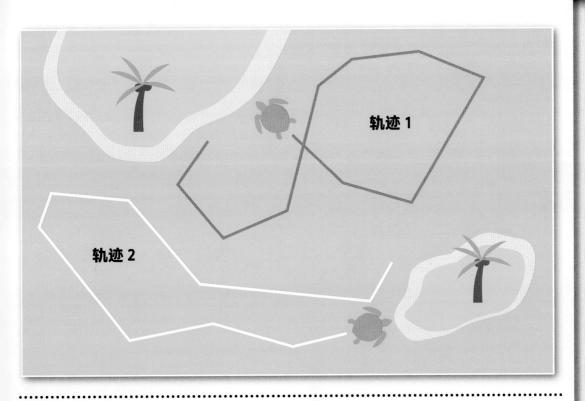

21

1 哪条轨迹包含了一个多边形？

2 这个多边形是正多边形吗？

3 它含有几个锐角？几个钝角？

4 这个多边形有几条边？

5 轨迹2的区域内一共包含多少个角？

6 其中有几个锐角？几个钝角？

非洲草原上的 大象

在非洲大草原上，你在大象生活的地方放置了摄像机。根据拍到的影像来估计大象的行动。

学一学
使用表格

表格由框线和单元格组成，按行（横向）和列（纵向）排列。

22

使用表中的数据时，你有时需要查看所有单元格，找到最大值或最小值。有时需要使用单元格中的数进行计算，例如，将一列中的所有数相加。

	犀牛	斑马	长颈鹿
区域 1	11	14	7
区域 2	12	9	3

10 **23** **23**

从这个表中我们可以看到，生活在区域 1 里的动物比区域 2 里的多。我们还可以算出这两个区域里总共生活着 23 头犀牛、23 匹斑马和 10 只长颈鹿。

〉算一算

把两台摄像机录制的信息绘成一张表格。该表显示了在每个时间段内经过的大象数量（不管是不是同一头大象经过，只要被拍到，就单独计为 1 次）；以及在每个时间段内的任意时刻，同一镜头内最多能拍到多少头大象。

时间段	1 号摄像机		2 号摄像机	
	经过的大象数量（次）	镜头内大象的最多数量（头）	经过的大象数量（次）	镜头内大象的最多数量（头）
午夜一凌晨 4 点	4	1	5	3
凌晨 4 点一早上 8 点	7	2	10	4
早上 8 点一中午 12 点	32	7	45	12
中午 12 点一下午 4 点	36	10	53	11
下午 4 点一晚上 8 点	28	6	23	7
晚上 8 点一午夜	12	3	16	2

23

1 大象在哪个时间段里最活跃？

2 哪台摄像机所处的位置大象活动少？

3 根据"镜头内大象的最多数量"这一列的结果填空：2 号摄像机覆盖的区域内至少有 ——— 头大象。

4 根据这些数据，你能知道该地区生活着多少头大象吗？

狐獴家庭

你继续留在非洲研究狐獴家庭。你了解到大多数情况下，一对狐獴夫妻育有 3 个狐獴宝宝。这意味着一个狐獴家庭通常有 5 个成员。

学一学 乘法运算定律

两个数相乘，交换因数的位置，积不变。所以

24

$$3 × 4 = 4 × 3$$

这被称为乘法交换律。

三个数相乘，先乘前两个数，或者先乘后两个数，积不变。所以计算

$$3 × 4 × 5$$

时可以先算

$3 × 4 = 12$	或者	$4 × 5 = 20$
再算		再算
$12 × 5 = 60$		$3 × 20 = 60$

这被称为乘法结合律。

乘法的第三个性质叫作乘法分配律。两个数的和与
一个数相乘，可以先把它们与这个数分别相乘，再
相加。例如：

$$(20 + 6) × 6$$ 可以写成 $$26 × 6$$ 或 $$(20 × 6) + (6 × 6) = 156$$

〉算一算

你正在研究两个区域，并要计算生活在每个区域里的狐獴数量。区
域 A 的面积为 $7km^2$，区域 B 的面积为 $9km^2$。每平方千米的区域
里住着 3 个狐獴家庭。

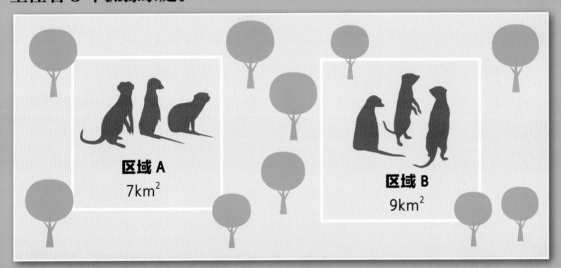

区域 A
$7km^2$

区域 B
$9km^2$

1 在 $20km^2$ 的区域里住着多少只狐獴？

2 你列算式（5×3×7）+（5×3×9）来计
算这两个区域里狐獴的总数量。你的助
手说可以把这个式子写得更简短。她是怎
么做到的？她使用了乘法的哪条定律？

3 两个区域里一共住了多少只狐獴？

4 你要研究另外一个更大的区域，面积为
$97km^2$。把这个面积四舍五入取整，估
算该区域内狐獴的数量。

5 在这个新的区域里，每平方千米内生活
着 2 个大象家庭，每个家庭有 4 名成员。
使用面积取整的值估算大象的数量。

虫子的数量

你在中非地区的热带雨林中停留了一段时间，统计虫子的数量。你利用表格记录了这趟旅行的支出。

学一学 时间和表格

研究不同来源的数据，画表格是一个好方法。把数据排成列，就可以快速地比较数据或把数据相加。

交通日志

第 1 个月	17019.89 元
第 2 个月	8392.18 元
第 3 个月	17456.18 元
第 4 个月	11393.21 元
合计	

蝎子研究

地点	数量（只）
区域 1	853
区域 2	
区域 3	694
合计	2259

⟩算一算

拆掉帐篷后下雨了，你的一些记录被雨水弄脏了。你必须计算出记录中缺失的部分。

观察日志

	开始时间	结束时间	用时
星期一		13:31	4 小时 14 分钟
星期二	09:16	12:58	
星期三		13:03	4 小时 6 分钟
星期四	07:29		8 小时 38 分钟

蜘蛛观察

地点	数量（只）
区域 1	
区域 2	
区域 3	359
合计	

3 观察日志中被弄脏的数据各是什么？

1 查看交通日志。你在交通上一共花了多少钱？把计算结果写在笔记本上。

4 你的助手计划研究蜘蛛。她记录了三个地区蜘蛛的数据，但记录被雨水弄脏了。她告诉你说她记得区域 1 有 237 只，区域 2 有 119 只。复制表格并补全数据。

2 蝎子研究表中缺失的数是多少？

参考答案

4—5 有多少只蚂蚁？

1. 103270、98731、83713、
   13987、6211、6112

2. 200000 + 200000 + 200000 +
   200000 + 200000 + 200000 =
   1200000（只）

3. 103270 + 98731 + 83713 + 13987
   + 6211 + 6112 = 312024（只）

4. 1200000 − 312024 = 887976（只）

5. 一整箱。

6. 312024 − 200000 = 112024（只），
   剩余 112024 只蚂蚁。

6—7 寻找美洲豹

1. 区域 1 是一个长方形，其面积为
   $3 \times 5 = 15$（km^2）

2. 区域 2 的面积是长方形面积和正
   方形面积之和。
   $3.5 \times 4 + 2 \times 2 = 14 + 4$
   $= 18$（km^2）

3. 区域 1 的周长为：
   $3 + 5 + 3 + 5 = 16$（km）
   区域 2 的周长为：
   $4 + 3.5 + 2 + 2 + 2 + 5.5 = 19$（km）
   所以总周长为：
   $16 + 19 = 35$（km）

4. 监控费用为 684 乘两个区域总
   面积：$684 \times (15+18) = 684 \times 33$
   $= 22572$（元）

5. 每千米需要使用 2 个摄像头，那
   么区域 2 需要的摄像头数量为：
   $19 \times 2 = 38$（个）

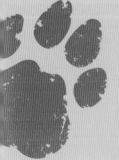

8—9　狐狸与野兔

1. $5b$

2. $5b = 5 × 180 = 900$（只）
   $5km^2$ 的区域内有 900 只野兔。

3. $4c$

4. $4c + 180 = 200$ 或 $200 - 4c = 180$
   或 $200 - 180 = 4c$

5. $4c = 20$，因此 $c = 5$，这一区域
   内有 5 只狐狸。

10—11　小心，蛇！

1. A、D

2. A、C

3. A

4. B、C、D

5. 没有毒。蛇 A 是唯一一种有毒
   的蛇，但它头上的花纹不是旋转
   对称图形，所以它不是咬人的那
   条蛇。

12—13　憨憨的企鹅

1. 14 个筑巢点，因为叶列中有 14
   个数。

2. 7 个：企鹅宝宝的数量分别为
   36，37，40，44，45，52，57。

3. $18 + 13 + 29 + 24 + 29 = 113$（只）

4. 57 只

5. 2 个

6. $18 + 13 + 29 + 24 + 29 + 34 + 36 +$
   $37 + 32 + 45 + 44 + 40 + 52 + 57$
   $= 490$（只）

14—15　老虎在哪里？

1. 第三和第四象限。

2. $A(-3, 3)$，$B(-1, 4)$，$C(1, 3)$，
   $D(2, 1)$，$E(-4, -2)$，$F(4, -3)$

3. 老虎在河里。

4. 帐篷处。

5. 向左移动 6 个长度单位，再向下
   移动 3 个长度单位。

16—17　有多少条鱼？

1. 区域 1：106218；区域 2：20653

2.

十万位	万位	千位	百位	十位	个位
•••	••••		••••	•	••

3. 20653 − 11067 = 9586

十万位	万位	千位	百位	十位	个位
		•••••	•••	•••	•••

4. 106218 + 20653 + 9586 = 136457

十万位	万位	千位	百位	十位	个位
•	•••	••••••	••	•••	••••

18—19　天堂鸟

1. A、C

2. C，等边三角形。

3. A

4. 9 + 6 + 4.5 = 19.5（km）

20—21　追踪海龟

1. 轨迹 1

2. 不是正多边形。

3. 1 个锐角，6 个钝角。

4. 7 条

5. 8 个

6. 0 个锐角，5 个钝角。

22—23　非洲草原上的大象

1. 中午 12 点一下午 4 点：36 + 53 = 89，共出现 89 次。

2. 1 号摄像机所处的位置，该摄像机共拍摄到 119 次（2 号摄像机共拍摄到 152 次）。

3. 12：在上午 8 点到中午 12 点之间的某个时刻，第 2 台摄像机拍摄到 12 头大象，因此该区域至少有 12 头大象。

4. 不能。

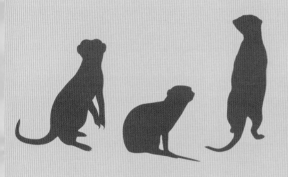

24—25　狐獴家庭

1. 20 × 3 × 5 = 300（只）

2. 5 × 3 ×（7 + 9），乘法分配律。

3. 5 × 3 ×（7 + 9）= 240（只）

4. 97 ≈ 100　3 × 5 = 15（只）
   15 × 100 = 1500（只）

5. 2 × 4 × 100 = 800（头）

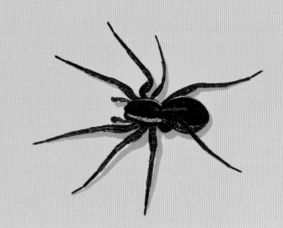

26—27　虫子的数量

1. 54261.46 元

2. 2259 −（853 + 694）= 712

3.

	开始时间	结束时间	用时
周一	09:17	13:31	4 小时 14 分钟
周二	09:16	12:58	3 小时 42 分钟
周三	08:57	13:03	4 小时 6 分钟
周四	07:29	16:07	8 小时 38 分钟

4.

地点	数量（只）
区域 1	237
区域 2	119
区域 3	359
合计	715

图书在版编目（CIP）数据

"算出"数学思维 /（英）安妮·鲁尼,（英）希拉里·科尔,（英）史蒂夫·米尔斯著；肖春霞等译. --福州 : 海峡书局, 2023.3

ISBN 978-7-5567-1033-1

Ⅰ.①算… Ⅱ.①安… ②希… ③史… ④肖… Ⅲ.①数学—少儿读物 Ⅳ.① O1-49

中国国家版本馆 CIP 数据核字 (2023) 第 018758 号
著作权合同登记号　图字：13—2022—059 号

GO FIGURE series: a maths journey through the animal kingdom

Text by Anne Rooney

First published in 2014 by Wayland

Copyright © Hodder and Stoughton, 2014

Wayland is an imprint of Hachette Children's Group, an Hachette UK company.

Simplified Chinese translation edition is published by Ginkgo (Shanghai) Book Co., Ltd.

本书中文简体版权归属于银杏树下（上海）图书有限责任公司